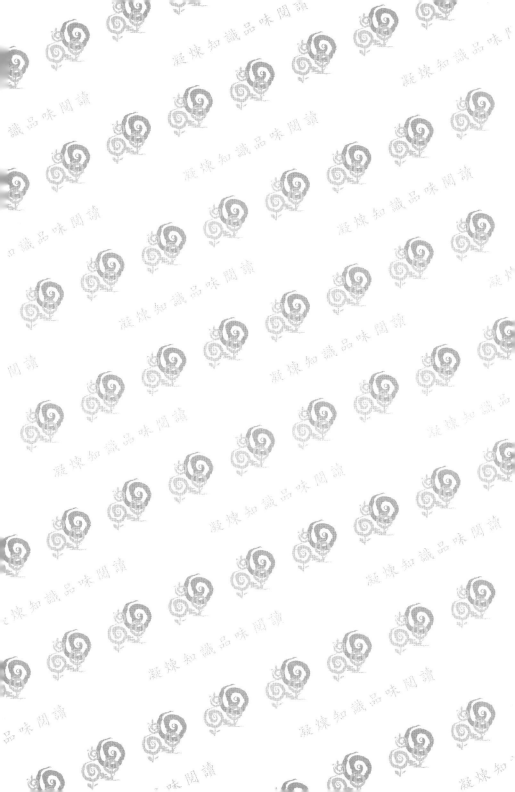

鄭晃二
建築設計這樣做
五南圖書出版公司 印行

金字塔的高度由法老王決定，但是只有建築師可以決定斜率。

關於這本書

這本書是建築設計教學的理念與實踐的反思，內容結合了設計方法與管理學的理論。它是寫給對於設計教育有興趣的人，指導升學規劃與輔導的高中老師，身邊有朋友、小孩要選填念設計系的人，正在念建築系或是準備建築師考試的考生，還有，已經畢業多年仍會有設計做不完噩夢的建築人。

建築系的同學想要畢業，需要做一個代表作品，通稱為畢業設計，比較正式的名稱是建築設計或建築專題設計，學分是開在大學最後一年或一學期的課程。（註一）

好的設計作品除了圖與模型、空間造型等表象之外，還有更深刻的內涵，每一件設計都應該有組織、有結構，像生物一樣是有機體，像生命一樣有存在的意義。它是由創作者的思維所建構起來的，透過各種媒介呈現的小宇宙。

基於這樣的觀點，本書的定位是在於探討「如何想」建築設計，本書共分成兩篇，上篇說明做專題設計的過程，以畢業班爲例，下篇是寫給想要念建築系的人，了解建築系在學什麼。

上篇以設計教學的六大策略爲架構，共12章，一、支持性環境與獨立思考：1初始，2錨定。二、建立研究與論述的架構：3題目，4解題。三、設定故事與建築存在的時空：5敘事，6基地。四、掌握原創性與製作之資源：7設計，8趕圖。五、側寫報告者與評圖者的心理：9上台，10評圖。六、規劃評量機制與拿捏輔導力道：11成績，12終了。

下篇介紹建築系設計課以外的學科，各校建築系開的課程名稱與內容會有不同，分類的方式也有差異，本篇的架構是以淡江大學建築系爲藍本。爲了讓大家容易閱讀也容易理解，這些系列課程的介紹會少說一點道理，多說一點故事。

共分成用四個主題、10組系列課程來介紹建築系在學什麼。一、理論與歷史：1理論，2計畫，3建築史。二、環境與都市：4環境設計，5都市。三、營建與技術：6建築結構，7構造與實務，8物理環境與設備。四、設計輔助：9圖釋溝通，10建築資訊系統。

書中的照片上篇大多是評圖的時候的情境，評圖最美的畫面是人，評圖場像戰地，對話在空中飛嘯、人影在煙硝間奔跑。下篇的照片爲參訪或是同學作品的紀錄，搭配相關文字內容，引導理解或是引發美感連結。

建築系的教學目標是養成具備社會責任感與持續學習能力的建築人，大學的時間只有幾年，畢業後投入專業的時間很長，仍需要不斷學習。

謹以本書作爲大家認識建築與建築設計的踏石。

目錄

上篇

建築設計這樣做

第一章

初始——從一張空白紙開始

建築系最後一年的設計是對自己的人生告白

念大學的目的是要成爲自己想要成爲的人，十二年義務教育結束之後，學習並沒有一定的流程與階段。現在要念大學的選項很多，修業的途徑也很多樣，這是同學自己的生涯規劃。大學作爲知識的創造與交流場域，不同於職業型的專業學校，建築系並不是建築師或設計師訓練班。在群體的工作環境中，人們分別扮演「頭——思考明日」、「手——動手今日」、「腳——追趕昨日」角色，學校提供什麼樣的養成環境，就會培養出什麼樣的人。

近年來大學必修課程的降低，目的即是要提供同學更多的學習自由。既然要找到自己，設計題目的自由度是必要的條件。從歷年各校畢業設計的作品回顧看起來，可以看到作品題目是受到很多外在因素的引導，例如社會與新科技的議題等等。同學會跟著媒體熱議的話題選擇自己的題目，也會跟著新科技引入、嘗試新的應用以及探討新的建築議題；新的形式只是伴隨而生的結果，不是追求的目的。

以淡江建築系爲例，大五設計的規劃採取「主題組」以及「一般組」雙軌制。主題組係中高年級垂直整合的主題工作室，指導老師必須訂出明確方向、論述或操作方法；一般組老師雖有指導方向的設定，但是同學選題範圍比較自由。

在評量機制的規劃方面，主題組每學期只參加期末全班聯合評圖，其他時間的進度與成果完全由他的指導老師評量；一般組在學期間的交流評圖是選項，可由指導老師與同學討論後決定，甚至完全獨立評量。這樣做的目的是可以更加確保多元題目的獨立發展，不必受到領域相關性較遠的意見影響。

自由與多樣化，不是學校爲了追求表象的美名，而是基於兩個目的，一方面是創造同學能力的「多樣性」，同學畢業以後進入業界，當未來專業的外部環境發生變化的時候，專業本身也需要跟得上變動中的世界，身在其中的建築人仍然可以找到生存的出口。另一方面，提供給同學一張空白的紙張，讓他養成自己找問題與答案的習慣。

儘管強調開放與自由，建築系對於同學的教學目標還是有定見的。設計課作爲各學科的綜合運用，以及學習成效的檢視，一直是建築教育的有效方法。這並不是說，要把過去三、四年所學的功夫，在畢業設計中一次展現，否則會是另一種災難。

那麼，開立一個建築設計的課程，要求同學來做專題設計，讓同學自由發揮？雖然課程規劃不就是安排課程學分與老師，但只是一堂設計課程的效果有限，無法成就今日各校畢業設計所達到的效益，關鍵在環境的支持性。

在策略上是要營造一個整體的氛圍，同學從大一開始，就知道將會經歷這一關才能畢業。給一個追求夢想的火種，讓它燜燒三、四年，在這期間同學會看到畢業班的作品，看到發表以及各學校的展覽，他會開始思索自己未來要做什麼題目，想像上場的那一刻的自己。隨著年級越高，這種一想到就會緊張又開心的情緒，會成爲內在滋長的養分。

但這樣還是不夠的，還需要找到對的專兼任老師組成設計教學群，並在畢業班的前一年開立與專題設計相關的課程，有系統地建構前置準備的知能。

重點是先把環境準備好，在大一的時候，把這張空白的紙交到同學的手中，讓他自己填寫計畫，經過幾年自己的耕耘，到了大學最後一年的時候，有機會看到未來一座原力強大的森林。

第二章

錨定——創新是建築人的抵抗

創新的本質必須要有不符常規的精神，出錯往往是求新的開始

創新，是要改變「過去」的人對於「現在」的看法，讓自己活在「未來」。

設計行業汰新很快，學校老師也需要一直更新自己的「版本」。世代落差的現象每個年代都會出現。曾經有位科學家回憶起自己得獎大作的初始想法，說當年可是被學校老師不屑一顧的怪東西。

雖然不是每個怪怪的東西都可以得獎，但爲了確保天才不會被丟到垃圾桶，學校必須要有足夠的雅量去接受各種題目，避免框架與預設。

同學做的題目百無禁忌，這樣不會有問題嗎？首先，要看什麼是「有問題的」。每個時代定義的「公序良俗」內容不同（註二），在漸趨開放與權力解構的年代，進步的社會也透過法律強化對自由與人權的保障。幾年前仍是社會

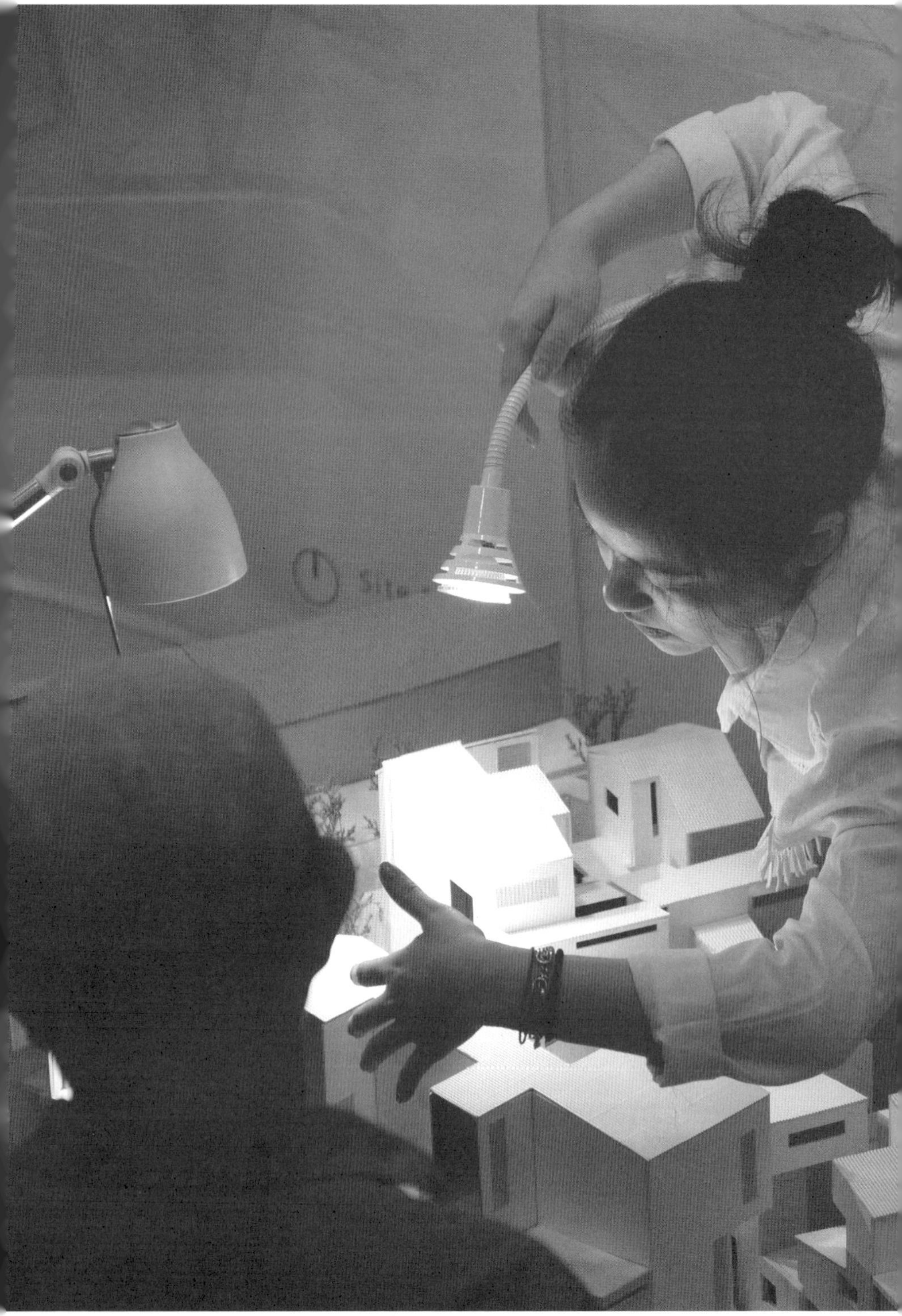

禁忌的愛情，現在已經可以公開舉行婚禮。而在創作者的國度，自由度又高於他所處的眞實世界。

對建築系同學來說，平常老師跟他們說要獨立思考，要有批判精神，有的老師也參與推動社會運動，加入「高牆與雞蛋」對立時雞蛋那一方（註三）。同學經過建築系教學環境多年的洗禮，知道這個世界並非歲月靜好，當下政治、社會發生的事情，或是社會積累已久的不公義現象，對同學都會有衝擊。這一類的題目大多跟政治、貧窮、犯罪或性有關，例如有同學的題目是關於「很容易被闖入的立法院」。

當同學面對不義、眉宇間反應叛逆的思緒、論述與作品出現抵抗的精神時，做教育的人應該檢視自己底線所處的位置是否已經過時。

先說這個職業的特性，建築系畢業後，大部分的人會先進入業界，有人會考上建築師或各種證照。建築師雖然是自由業，但卻是很不自由的職業，建築師接受業主委任，就要完成業主委託的任務。營建的過程需要大量的資本，擁有資本的人也擁有決策與選擇的權力。這樣說起來，建築人像是在做服務業？

服務業這個說法只有一部分正確，建築教育的目標，並非只是要服務資本家，還服務社會的很多人以及自己的信念。建築系需要培養年輕人具備抵抗的精神與能力，作爲以後人生或專業突破瓶頸的動力。

在發展設計的題目時，這些社會的不義現象，並不需要立即轉換成「待解決的問題」，交由同學扮演建築師角色來提出解決方案。畢竟，同學不是拯救高譚市的蝙蝠俠。

前線
UCTIVE
SHED
MORPHOLOGY TIMLINE OF SITE
STUDIES
CONFIGURATION STUDY
Simple configurations

具有抵抗精神的作品通常在論述上捕捉到事情的核心，用一種反諷的方式來呈現。常見的情形是兩種極端，一是礙於對於老師評價的不確定，自己收斂成一個溫和理性的提案；二是用黑色幽默的方式呈現，只是多了點黑色少了點幽默，這是血氣年輕的創作者比較掌握不到的部分。

在這一類的作品中，可以看出來同學在嘗試反叛，用自己的方式進行抵抗。這是社會反省的動力，十分珍貴，必須珍惜與保護。老師首先要檢視的是自己的世界，看是否經得起衝撞。其次，才是探究同學的意圖是否具體與方式是否有效，再給與協助。

那麼，眞的是完全沒有禁忌囉？還是有的。如果出現極端言論（例如仇恨），或是個人情緒的極灰，就是老師需要介入了解的時機。這裡要提醒一下，沒有受過諮商輔導訓練的老師，需要另外尋求專家協助。

還有一種類型的抵抗是無聲的，看起來是在做建築，討論起來也像是建築，但是同學有意無意間，已在內心宣布建築已經跟著強人的腳步遠去。這種作品常常會出自手很巧的同學，圖與模都有一定的美學品質，甚至會做出專業級的影片或者是大型實作模型、漫畫、電影等其他的藝術形式等等。

這時候，老師要被挑戰的底線就是「什麼是建築？」要問自己，不是問同學。

第三章

題目——一句話可秒殺也可療癒

表達作品時用一句話可以令人感動，被別人問倒也是被一句話堵死

這個世界是語言建構起來的，不論你怎麼做，都會被別人說的話給定義了。「說」與「做」是兩個世界，每個人的大腦好像藏了兩個人，大部分時間是不大合作、各想各的，都想掌握身體的控制權。然而，不論是在大腦內部的世界或是外部的世界，那個會說理的人都比較強勢。比如說，兩個人吵架，吵輸的動手就「理」虧了。

從地（猩）球發展史來看，現代智人的語言、符號能力使他具備高於同時期尼安德塔人的競爭優勢，幾十萬年下來，人類的愛與仇很也都因爲語言而更加強大。

語言可以引發強大的力量，從小，家裡總有個人會跟你說什麼可以，什麼

不可以。上學有老師，上班有老闆，家裡有先生或太太，牧師、法官的一句話對你的生命就產生了重大的改變，這都是言說行爲（註四）。一句話，或是代表這個意思的符號，只要情境對了就有可能產生強大的力量。

再舉例來說，大家應該有聽過或看到過，道路上兩車互尬，互比手勢，路邊停下之後，兩車駕駛說了幾句話突然爆火互毆掛彩收場。不要不相信咒語了，這個世界也許存在著某種未知的神祕力量，只要鑰匙對了，門就會打開。

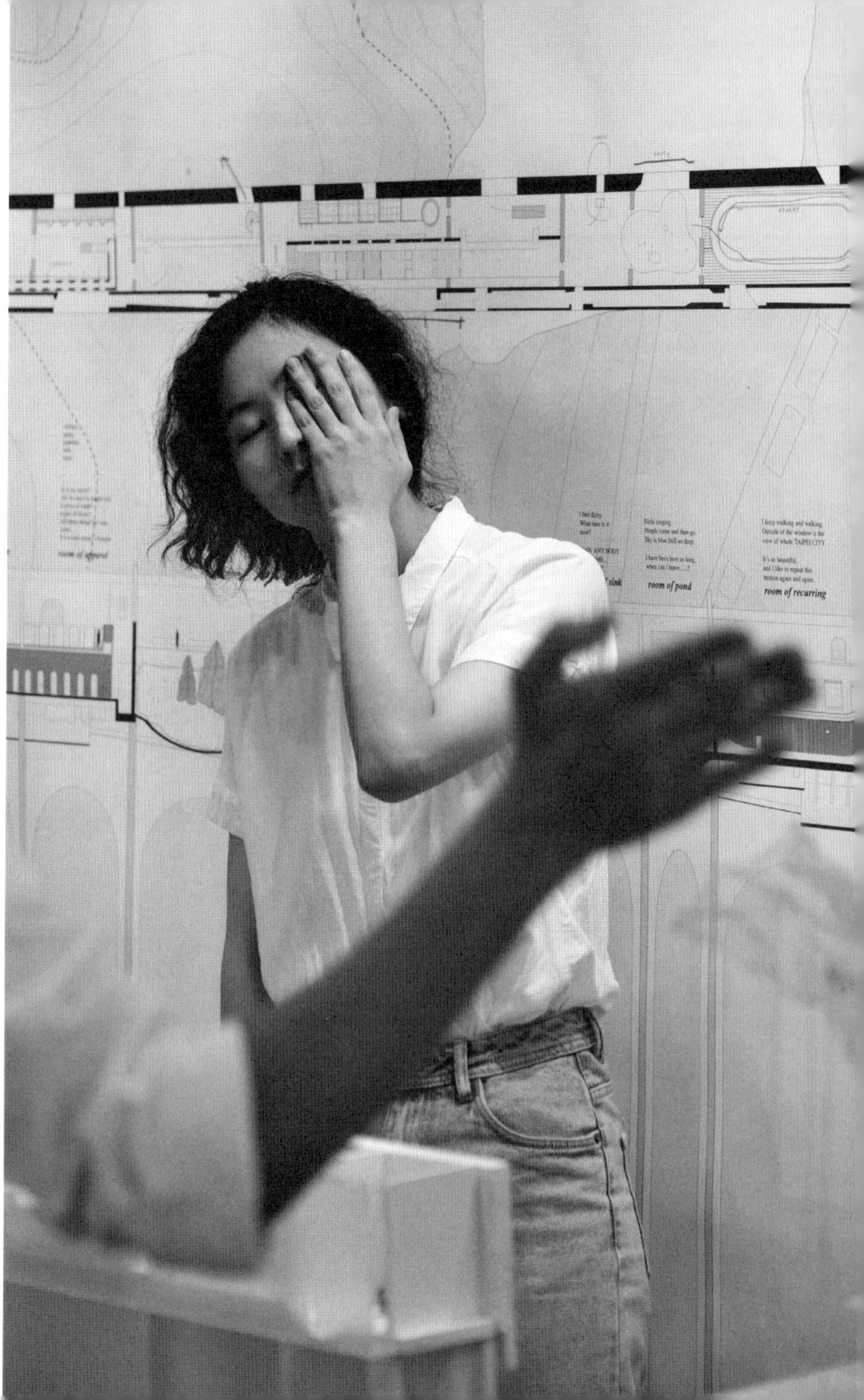
I keep walking and walking.
Outside of the window is the
view of whole TAIPEI CITY
It's so beautiful,
and I like to repeat this
motion again and again.
room of pond
room of recurring

設計可有這種力量強大，一句話可以令人秒怒的？有的

「這位同學，你的設計到底在做什麼？」

當這句話從老師的口中拋出來的時候，其殺傷力不可小看，尤其是當同學花了十分鐘講解設計之後還聽到這句話的時候。雖然說，得到讚美是設計者的奢求，但是當同學的心理預期是就算再猛烈的炮火也挺得住……這句話，常常使人洩氣。

這種對不上話的對話，卻是設計過程的常態。關鍵在於做設計的人上台介紹簡報常常會把事情說得太詳細。設計作品簡報有個祕訣，要注意資訊與時間搭配的黃金比，十分鐘頂多放二十張，超過這個比例時，閱聽眾會被過多的資訊淹沒，反而無法理解。

聽不懂的時候，老師就會拋出秒殺句。例如：委婉等級的「我有點不了解你的設計要表達什麼？」中殺級的「我實在不懂你在做的是什麼？」很殺等級的「你到底在做什麼？」這三句話陸續投出來，常常把同學釘死在牆上。

如果把老師的秒殺句，改成另一種說法：「是不是可以用一句話簡單地說明你的設計？」這時，可以引發同學大腦完全不同的運作模式，就像寒冬中遇到暖陽。那麼，同學可有「一句訣」來建立防護網？各種高度射過來的飛彈都可以擋下來。有的。

同一件作品，如果可以用多個不同高度「抽象——具體」層次的概念來形容，可以將更多的內涵萃取出來。這裡列出五個層次，標示數字越少的越抽象，數字越多的越具體。一、哲學概念，二、概念的內涵，三、在眞實世界的對應狀態，四、具空間特性的敘述，五、物理性的特性。

舉例來說，設計題目是「河濱公園的花市暨計程車休息站」，讀者請用引導句「我的是設計是在做……」後面再加上數字後的句子。這五個句子之間有「抽象化——具體化」的關係，這個推演的箭頭的內容與結果，是由設計者自己定義。

一、動態的連結（哲學概念）。

二、不同目的的個體短暫停留，交換資訊的載體（概念的內涵）。

三、城市交通樞紐中人們互動、交易的生活場域（在眞實世界的對應狀態）。

四、高架橋下的河堤旁的場所，轉換爲花市與計程車休息站（具空間特性的敘述）。

五、可停二十輛計程車及八十個花卉攤位的連續遮蔽構造物（物理性的特性）。

一句話，不是用來讓人語塞沒有退路，它是一種邀請的行爲，用來啓動聽者的記憶碼，引導對方自行建構一個認知與感知的世界。

第四章

解題——先把帽子戴好

創作者是「頭 - 手 - 腳」模式裡的「頭」

創作者是「頭—手—腳」模式裡的「頭」，設計不是只回答問題，更要掌握發問的機會，提問的好壞，決定了答案品質的優劣。

「題」這個字的原義跟「額」很接近，指的是事情的開端。用「題」造的詞，是每個人上學之後最常遇到的字，例如考題、是非題、選擇題、問答題等等。常用來指稱特定類型的概念，思考這些問題好像是把帽子戴到額頭上（註五）。

發展設計的過程用到這個字的還有很多，本章要說六個常用也常打結的「題」，分別是議題、主題、命題、問題、課題、標題。

先說「議題」。畢業設計不同於低年級的建築設計，它的性質是「論述設計」（thesis design），比較關鍵的是要有論述，一個經過整理，言之有物的理念，就像寫文章要有主要論點（thesis statement）。

大約從二十年前開始，談到設計時會使用一個潮語：「議題式設計」，當時說的人跟聽的人都不大懂，但是，就覺得這個新的說法很厲害，可以說出以前的話語捕捉不到的感覺。借這個詞語是爲了對比於當時以建築師執業題目的類型，從建築計畫、基地分析開始，目的在做出建築圖面與模型的傳統做法。

1-1' Section

議題一詞本身有個習慣用法，是某類知識系統的簡稱，例如：生態議題、社會議題、性別議題、經濟議題等等。通常是比較廣而且抽象，具有爭議性內容的概念。設計的題目也會用到這些議題來定調，但也因爲是比較抽象性的概念，討論起來容易發散。這時，可以再用「主題」來定焦。

主題，是比較具體的對象。比如說，台灣有哪些「主題樂園」？野生動物、水上、原住民、妖怪等等主題。舉社會住宅的設計爲例，假使有人的題目是「老人住宅」，他的主題可以是針對「老人」的使用者，也可以是針對「住宅」的建築類型。前後這兩者的疊合，就會找到某個議題下的特定主題，例如經濟弱勢的單身高齡住宅。

接下來要問「問題」，前文提到設計者要提出一個「好問題」，好的問題的提問本身就要包含「對於未來的想像與要面對的挑戰」（challenge）。1960年代甘迺迪提出登月計畫的時候，科學家的問題是：「如何把人送上月球又平安歸來？」

舉近一點的例子，假使我要挑戰玉山攻頂，需要先克服以下幾件事情，服裝、食物、路線資訊、體能負荷、時間、意志力等等。在面對這個挑戰的框架下，自然可找到一些需要具體準備與處理的問題，這些次一級的問題稱爲「課題」。問題與課題是相對的關係，一個課題也可以再拆解成數個更小的課題。

設計者除了解決問題，還要創造。創造者「主觀的看法」往往決定設計的走向，也會改變問題與挑戰的內涵。同學做設計常被問：「你的態度是什麼？」或是「你的看法是什麼？」需要提出一個明確的聲明（statement），這裡借用邏輯學的名詞「命題」（註六），對於做論述設計的人來說，第一要務是要有自己的主張（proposition）。

最後一題，是進行作品的命名，即是下「標題」。下標題的時候考慮閱聽對象的特性，會使用針對性的策略以便產生預期的效果。經過本書的比較，可以發現標題跟題目是不同的概念。

標題還可分主標與副標；兩者要如何區分？簡單說，如果其中一個有詩意，另一個可以具體明確，兩者分工可達到對於閱聽眾不同層面認知建構的效果。舉個例子：「出租學生宿舍設計——從大一家長放心的女生宿舍搬到大四同學開心的墮落街，多少人的生命從此改變」（註七）。標題不會殺人，它會引導讀者進入一個認知的狀態，對自己產生內心的崩解或是正面的增強。

六個「額頭」都戴好帽子，事情就可以開始了。「帽子」中的想法是持續替換中的，避免像花瓶中的鴨子一樣（註八），把自己困在裡面。

第五章

敘事——要票房還是要口碑

建築設計要考慮人的因素

從學校教育的角度來看，看一件設計作品時更重要的是創作者。當代令人感動的建築，不是因爲巨大也不是超高，作品的偉大也不在於改變世界或拯救地球，而是可以感受到創作者的誠意。

本章用電影來比喻，先說兩種類型的情節，一是挑戰情節的，二是刻劃人生的。挑戰情節的電影有個核心公式：好人不可憐，壞人不夠壞，英雄就不厲害。

回想一下，所有受歡迎的故事（電影），都有這樣的人物與人際關係的設定。有時候是一人多角，先扮演被欺負的好人，後來練就神功打怪退敵。有時候是先是壞人，後來棄邪歸正掙脫邪惡勢力的控制，變成拯救村民的好人。

雖然這些都是老哏的情節，但是這樣的故事就是會吸引人，觀眾的情緒跟著起起伏伏，先同情、後緊張、再開心。

「好人，壞人，英雄。」這跟設計的關係是什麼？它是一種隱喻。專題設計要令人感動、印象深刻、念念不忘，少不了這三個角色。好人是「重要的價值觀」，壞人是「要挑戰的問題」，英雄是「設計的過程與創造的結果」。有看過《不可能的任務》電影系列嗎？雖然那些任務還眞的不大可能，但是大家就是愛看阿湯哥克服萬難，打敗壞人。

第二類，是刻劃人生的電影。這種電影通常會得獎，但是票房不大好。正因爲要對人生的悲喜劃重點，常會有點黑色或是灰色，看了會笑也會掉淚。在這一類的電影情節中，常令人感慨這個世界難說誰是好人誰是壞人，記得那句經典的漫畫對白嗎？「就算是再好的人，只要有好好地在努力，在別人的故事裡，也可能會變成壞人。」

這種類型的題目，相較於它定義的問題之層層纏繞，提出的設計方案好像沒有要解決什麼，比較像是對無常人生的揮手微笑，卻讓人看到希望與勇氣。舉例來說，許多探討社會議題或是新科技實驗性的題目，沒有要回答人生的大哉問，也不是產學合作案，沒有要馬上進入產業去運用，這點是大學專題設計與研究所論文不同的地方。

如何建構一個好的敘事，讓人家印象深刻、念念不忘?先說間接的方式，置入一個想法，讓想法在聽眾的心中自行推演，得到你想要的結論。如果順著一般人的聯想與邏輯的必然結果去建構，可以採取輕推的策略（註九），但如果「推」得太輕，或醞釀的時間不夠，成功的機率比較低。

如果要增加力道，讓敘事的效果更強大，可以借用以下兩個方法，一是說服術，二是黏力。首先，不能冗長，但一句話也不大夠，必須要在很短的資訊中傳遞一個明確的架構。想像設計師要跟業（金）主說自己的提案，苦約不到見面的時間，只好在電梯前面埋伏，假裝巧遇。但是，一起等電梯搭電梯的時間只有一分鐘（註十），如何在這一分鐘內讓業主聽了眼睛一亮，出了電梯說：「來來來，年輕人，到我辦公室來談一下。」

一分鐘能講幾個字？每人講話的速度不同，演講的時候會比較慢，耳語的時候比較快。前一分鐘的內容往往決定了聽者的大腦熱區的位置，大腦會自行決定是否要「啓動」更多的區域，以便處理這群新進來的資訊。假使只有一百四十字，資訊的內容必須要充分但又要精簡，還需要考慮聽者能夠接收與處理的速度，不至於「一耳進一耳出」，可以停留在兩個耳朵之間。

這一段話必須有黏著力，像是魔鬼氈上的鉤子，可以牢牢抓住大腦，這裡介紹六個有效的原則：一、主要訴求簡單但是有豐富的內涵，二、出乎意料以外令人驚喜，三、可引發形象或意象的聯想，四、可信度高的具體資訊，五、有臉孔有表情的人生故事，六、可引起情緒。（註十一）

有誠意的做設計，且要讓人了解做設計的誠意。

第六章

基地——有沒有很重要

建築物存於地球上，總是有個基地不是嗎？

是的，開窗往外看，的確是如此。但是，建築（architecture）不等於建築物（building）。建築設計，也不必然是「營建」的前置準備。

一般建築設計案都要進行基地分析，學校的設計練習與眞實的案例不同，低年級的設計係以練習與學習爲前提，從眞實的基地中選一部分的資訊，忽略或排除其他的限制條件（例如法規、地質鑽探資訊等）；高年級的設計爲了充分討論設定的議題，雖然是從眞實世界取材，但是卻更像是在虛擬世界中做設計。爲什麼可以如此？要對一個基地做任何改變，都要考慮這些因素不是嗎？

這要談一下什麼是基地？就營建的情境來說，「基地」是可以整地規劃、在上面蓋房子的範圍，包含這個地點所處的「時間、空間」相關的物理性條件，以及人所賦予的限制（例如建蔽率與容積率等營建法規）。爲什麼跟「時間」有關係？舉例來說，同一個經緯度的基地在一百年前的自然、社會情況就跟一百年後不一樣，氣候地形會改變，住民會長大、會老，也會遷移。

就算在眞實世界裡，建築相關法規是白紙黑字，但也並非完全沒有彈性。例如在都市設計審議的過程，部分限制條件是可以透過協商取得開發商與公共利益間的雙贏。此外，基地開發的過程也會出現一些變數，比如說挖到史前遺址，是喜也是悲。

有些題目的基地很眞實。比如說有位同學的設計是去幫三芝一位獨居老人修房子，他也眞的動手去修了房子，那麼，這基地就是百分之百存在於眞實。有些題目雖然強調的是社會計畫的實踐，空間設計的目的是要支應這個具有理想性的社會互動關係，但是因爲現實的因素，在同學做設計的過程中使用者參與的程度有限，然而這些題目中的使用者卻具有強大的「眞實存在感」。

大部分設計圖像一份計畫書，在這個世界上「意有所指」，代表著尙未存在但意圖要營建出來、放大一兩百倍的建築。在大部分同學做設計的世界裡，雖然也是用「透過營建來實現」作爲預設，但是沒有預算問題，不論怎麼開挖都不會損鄰，不需要跟業主溝通，也不用送審。怎麼這麼美好？

這種情況下，基地比較像是在一個很像地球、但不是地球的地方。同時存在眞實、也存在虛擬的時空裡面。但是，一個基地如何同時存在兩個時空呢？這個時候我們就要借用「量子力學」（Quantant Physics）的概念來解釋。

這種基地可以稱爲是一種「量子基地」，簡單說，也許有百分之八十的比例是在平行宇宙中出現，有百分之二十的比例出現在眞實的世界。至於各自存在多少比例，創作者需要做一個合理、符合認知意義的安排與詮釋，取用存在於眞實的自然與社會條件，再加以修改。

再舉兩個例子，有位同學借用失智者對於時間與空間的不連續及錯置感，建構出一個只存在於患者記憶中的世界，借以質疑當代人對於歷史的集體失憶。又例，有人時空設定在十九世紀末中國沿海的通商港口，一個華麗年代逝去的夕陽，絢射在兩個不知愁青年的髮際，刻劃出洋樓與灰瓦巷間的長影來紀念優雅的幻滅。

關於基地的重點，創作者要先想好作品中的建築到底存在於哪一個時空。

此外，有些作品是處在一種「無時間、無地點」設定的狀態。這一類的設計關心的事情是以設計本身優先，其次才是它所處的地點與社會涵構。這一類的題目也許是關於空間、建築或構築原型的設計，沒有特定基地，或必須因應不同基地特性，置入環境時需要做一些調整。

還有一些作品具有「當下基地」的特性，重點在製造的過程與結果。這一類作品已經直接把實體結果做出來，作品端出來的時候，「當下」就是它存在的處所。

基地「存在的狀態」決定了設計的世界。

第七章

設計——向大師致敬的迷因

設計是改變世界存在狀態的意志之具體實現，需要有「改變的意志」以及「改變的意圖」，還要透過各種媒介把它展現出來。

設計者必須在當下找到他的位置，提出自己的看法，對這個世界提出一個需要被改變的應然，而不是接受它存在樣子的實然。這些看法的「具體呈現」不一定是有基地、有建築計畫的設計圖。有些作品是屬於設計的前置研究，或者是透過設計的操作探究議題。例如城市規劃、都市設計，建築理論、生態景觀、方法論等等。

這種精神有點像藝術家創作時的追求一樣，希望自己的聲音要被聽到，但不是要迎合市場的需求，也不必爲了得獎而追逐。設計有業主與使用者，設計者的專業人生常常需要妥協，在還能夠堅持的時候，也許要選擇面對孤獨。

如果同學對於研究有強大的興趣與能量，就要討論將建築的定義之邊界線加以「移動」，讓他可以發揮最大的能量做最好的表現。選擇這條路的同學，常要經歷更強大的掙扎，每一次評圖過後都像溺水的人被拖上岸，需要自行做CPR。

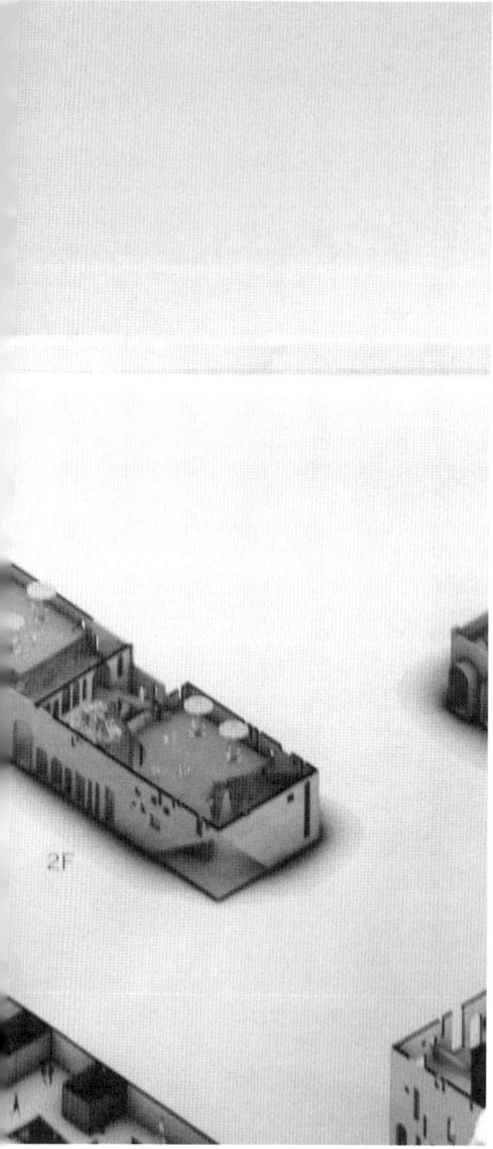

很多作品是師生辯證下的產物，除了老師屬於很個人密技指導方法的「手之內」（註十二），以及同學個人素質的因素之外，每一件作品都會因爲過程中的諸多決定而影響後續的題目走向，有興趣的讀者可以參考每年畢業班出版的專刊；設計作品不容易用建築類型、操作型態或是方法論來分類。舉例來說，三位同學用一個基地做同一個題目都可以依照議題、方法、領域、科技、構造等分成五種不同的排列組合。那要如何分類？「原創性」的高、中、低。

設計的原創性要怎麼看？尊重智慧財產權在建築系是基本的原則，但卻也是同學最容易踩線的地方。做研究或是爲了說明設計理念的時候，很容易用到他人的圖片。到底是引用、拼貼、案例，是衍生創作還是二次創作，需要小心的處理與判斷。

建築設計不是更容易踩線嗎？從低年級開始就有「案例研究」，從大師的作品中學習，也是設計課程的一部分。這個世界只要存在地心引力，使用地球的科技與材料，建築就都長差不多？也許只有在埃及人蓋出第一座金字塔的時候，排除外星人因素，肯定是原創的。

人類需要創新，如果每個小孩都完全按照大人的要求過生活，大概很早就滅亡了。幾百年一次的洪水、火山，萬年一次的冰河，在沒有文字的史前時代，人們要自己想辦法克服，創造出更好的方式來面對生存的挑戰。創造文明來逃避災難（註十三），或者說，因爲逃避災難而創造文明。

人類經過幾萬年的文明歷程，如果沒有科技與觀念的革命，每個時代或是個人都會有高原期，創意進入谷底循環，開始自我複製，成爲自己習慣與記憶的奴隸。

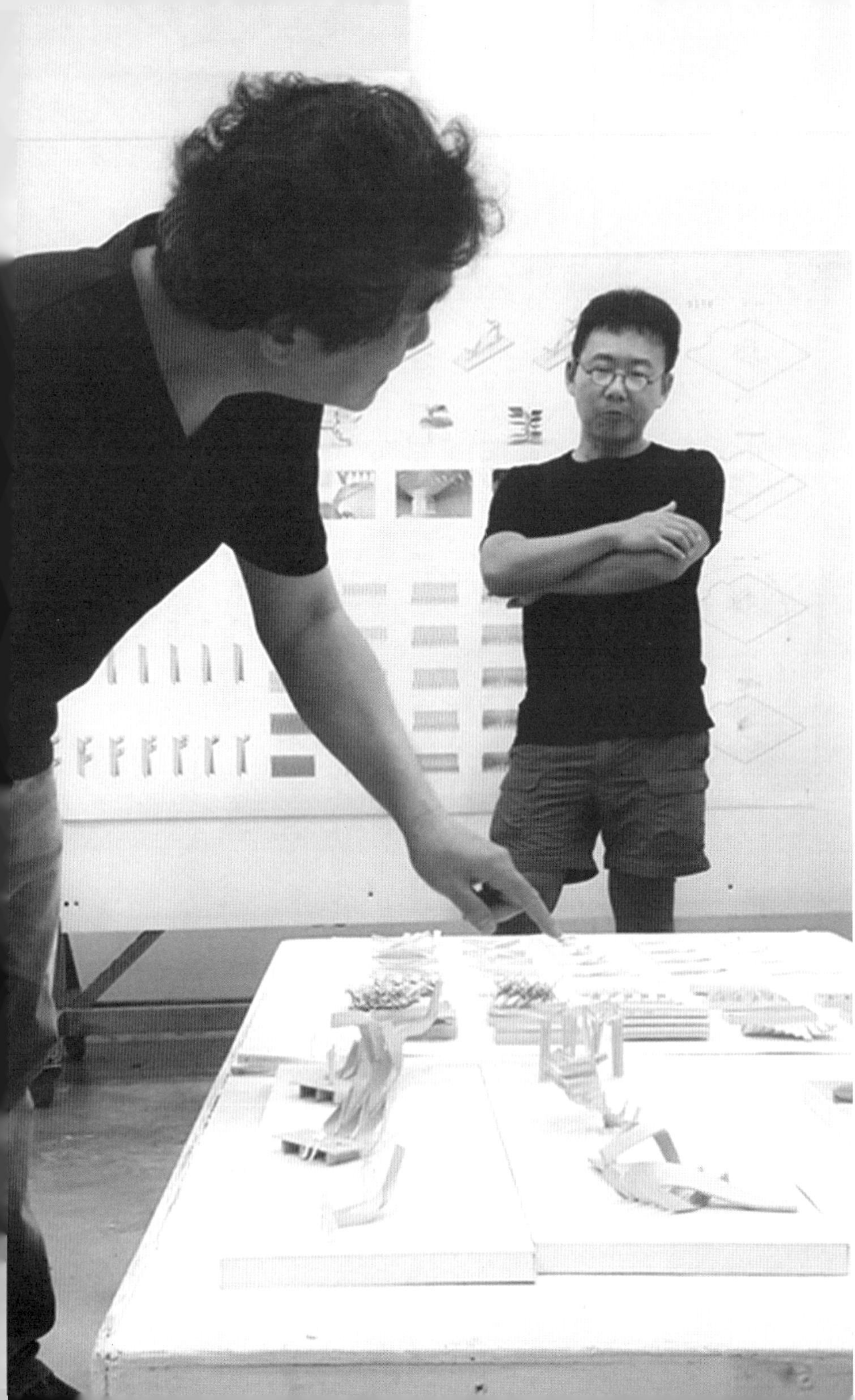

在學校裡，同學要聽老師的話吧，不然怎麼學習？但是，如果建築系同學只看過去的案例或是聽老師的話做設計，大概也是文明滅亡的徵兆。在設計圖上，除了人體工學是基本的之外，其他的事情都值得去挑戰。

建築創新的過程，重要的是觀念與科技的突破，不在碎片與形式的重組。新的知識與當下技術的運用才是核心，造型只是最表層呈現的樣貌。人們評價建築的原創性，常會用外型來判斷，看到樣子很像就喊抄襲？其實，相較於本質性問題創新的挑戰，建築造型是諸多設計課題中比較容易處理的部分。

貝聿銘的羅浮宮增建案，採用金字塔的幾何形狀當作配置與設計的核心概念，卻沒有被嫌抄襲？因爲金字塔淹沒在荒野沙漠中，正是拿破崙指派的考古探險隊把它們重新挖掘出來，重新浮現近代人類文明的舞台，改寫歷史。金字塔，絕對值得「收藏」在法國的博物館，但收藏的不只是形式而已。

一個人躺在金字塔裡面，法老王顯得渺小；站在自己的作品旁邊，設計者顯得巨大。

第八章

趕圖——出來做設計總是要還的

夜間的建築系館常常燈火通明，有時一整個班級的人都在畫圖、做模型，到天亮才回家是常態。不是因爲功課多，也不是因爲大家都愛拖到很晚才做，大多是因爲花太多時間想以致沒有時間做（欸，這個理由已經用太多次了），如果出現災難型翻案，更是悲劇。畢業設計的工作量很大，如果自己做不完，找低年級的人來幫忙如何？

這個問題，漫畫哆啦A夢（夢（mon）是精靈的意思）的作者藤子不二雄曾經畫了一個寓言，可以拿來詮釋趕圖的時候找幫手這個現象，這篇漫畫在人類社會的設計教育界，好比是相對論一樣經典。話說，大雄沒有寫作業就去睡覺，哆啦A夢振筆揮汗寫到凌晨，眼看寫到天亮也寫不完，需要幫手。突然，心生一念，何不把凌晨兩點、四點、六點的自己都叫醒找來一起寫？好聰明喔！兩手一拍，哈哈哈，馬上跳進抽屜坐時光機去。

於是，兩點的他自己被找來，很不開心，都嚷著說不是已經寫完了嘛？四點的也被從抽屜中的時光機拖出來，兩眼通紅，氣憤地坐下就開始寫。六點的他被找來時超生氣，想要揍人，房間差點暴動。畫面繼續……四隻哆啦A夢一起寫，很快就寫完了，故事時空的哆啦A夢終於可以睡覺了。沒想到，接下來的兩點、四點、六點都要再次被叫醒，回到十二點去寫同一份作業！

這個故事的啓示是什麼？

每位建築系學生，人生最多要寫九年的作業。大四之前到畢業班的工作室幫忙，只能算是打打零工，邊做邊玩邊學。然而，同學在這樣的環境中跟高年級同學學到很多，甚至比老師教的還要豐富，慢慢的，他就了解設計是什麼，也更了解建築。這樣一直寫到大五，終於到了自己的時空、要寫自己的作業，有的人也需要把別的「夢」（一隻到很多隻）叫醒來幫忙。

畢業就好了，不用再寫了？等等，還沒完。前面說的九年是怎麼算的？四加一加四等於九。畢業以後的四年間，每到了某一個季節，有的人還會被某隻「夢」吵醒，叫回去繼續做苦工。這裡有個眉角，已經畢業的人回去陪伴，可以幫忙，但是設計的主導權還是設計主獨享的樂趣。不過，這樣好嗎？

就像藤子不二雄的漫畫的警世寓意一樣，那個想要偷懶、老是找哆啦A夢幫忙的大雄，並非在每篇故事中都可以占到便宜，大部分的劇情都是白忙一場。例如：沒念書，吃記憶麵包就好，結果吃的太兇又吐出來，全忘光了。

不過，這樣的人，優於人際資源管理以及任務分工統合，具有主帥將才，說不定放對地方就會是個人才。

說個柳宗元寫的故事爲例（註十四），話說，柳宗元的妹夫把房子租給一位木匠工頭。有一天柳宗元去他家，看到房間床腳壞了沒修，這工頭卻說要找其他人來處理，覺得好笑。後來他在公家工程的工地看到此君，現場材料如山，工人若海，這工頭神情若定調度指揮，有條不紊。於是，柳宗元領悟了治國之奧義（遠目）。

為了避免找來幫手做了一些不是很必要的「設計周邊物件」，教學策略上會宣導避免使用不環保的保麗龍材料，或是用大型雷切機燒好幾個晚上的基地模型。雖然，跟建造一棟建築物的耗能比較起來，趕圖後的建築系館清運出來的垃圾量相形見絀，但是人力、時間與資源，永遠是設計經濟學的重要課題。

建築教育不只是為了培養技術專才，還要成為具有良好管理能力的專業者。

第九章

上台——接下來就交給我了

同學上台有非常多的狀況，這裡說兩個重要因素：依賴心理以及外語恐慌。

先說心理準備。有沒有看過同學上台開口介紹說：「老師各位同學大家好，我是〇〇〇老師組的同學。」然後被自己的指導老師噓（不用說這個啦）？

在冷兵器的時代，兩軍對決，領頭大將出陣先報上家世，生死是自己的、榮辱是家族的。這在淡江的設計評圖不大管用，只有在作品展與作品集才會出現指導老師的名字。的確，有些學校的評圖場合，同學上台要先讓評圖者了解你是誰帶的，就算口頭沒說，圖上也大大掛著指導老師的名字。這樣的好處很多，首先，如果只聽個半懂，也可以問一下場邊的指導老師。另外，如果要「打」，也好判斷力道的拿捏（用力地輕輕打一下）。

平原英樹
吳聲明
柯純融

在指導的過程中，指導老師跟同學密切地互動，但是一旦同學上了台，有任何問題都要他自己去面對。不管評圖者出什麼招，也沒有人可幫忙。就算這一次回答不好，擋不住、被K到了，雖然很痛，下一次就知道怎麼對付了。下一次？不是評完了，成績也打了？評圖結束了，人生還要面對啊！那麼，指導老師可以出手相救嗎？

回到評圖的本質，評圖雖然有圖、有模型等實體的物品，但對同學產生影響的，卻是集體用語言建構出的強大居所（註十五）。評圖的過程就像蓋這間房子的過程，大家加入什麼材料（話語），就蓋出什麼樣的語境之屋。同學上台擺出作品、做口頭報告就像是提供一個地基，邀請大家在上面蓋房子用的。這個地基要怎麼做，需要跟指導老師密切討論，老師的責任是事前的協助。

另一個挑戰是外語

建築系有不少的外籍生與外籍老師，使用英語教學的機會很多。每學期，淡江同學都有一次評圖必須在全英語情境進行。這跟教育部或學校的政策無關，只是我們覺得有需要。語言是溝通、也是思考與創作的工具。除了少數外籍生，大部分的同學都是使用中文（華語）。這樣的教學策略一開始遇到很多挑戰，老師同學都會抱怨說：「用中文都說不清楚了，更何況用英文。」

其實，用英語評圖的時候，大家會更想要聽懂對方在說什麼。中文不也這樣嗎？用中文，我們只想要對方聽自己說。如果仔細聽評圖，因爲中文用習慣了，很多說法只是修辭學或是無準確意義的連結語。一旦要用第二種語言來翻譯檢視的時候，這些噴煙霧效果的辭藻就會立即見光飄散。

但是，也不要小看同學的語言能力。有的同學英語對話比老師還好，有人有國外就學、生活經驗，有人因爲樂團、社團等因素自學成才，其中也有人從小是英語演講比賽常勝者，一出場就有氣勢，表情自信、眼睛發亮的那種。就算前述這些條件都不具備，同學還是要掙扎著用英語完成簡報與評圖。爲什麼？

就台灣建築專業環境來說，使用英語的情境仍不是常態，也不是多數。然而，當有這樣的機會出現時，要如何回應？當老闆說：「下週有老外業主要聽簡報。」這時要跟老闆說「我可以試試看」，還是說「我不行耶」？

在學校，上了台英語說得好不好還在其次，主要是藉著這個情境練膽量。遇到英語比較勉強的同學，老師看他的圖與模型也可以懂八九成，有時候只要再把使用翻譯機的英文「還原」成中文，也就可以理解原意了。

那麼，在老師這邊，都沒有問題嗎？使用英語評圖，老師提問都很直接，簡單句反而能夠直指問題的核心，無法閃躲。就像棒球投打間的直球對決一樣，不是揮棒落空，就是全壘打。那麼，英語問答對於設計討論是否有效？若把語言當做溝通的表面工具，也許效率會慢一些，但不影響效果。

上台，像是士兵從登陸艇準備衝向煙硝沙灘。請想像一下，同學轉頭跟指導老師說：「接下來的就交給我吧！」

[10:00]
[12:00]
[14:00]

第十章

評圖——不要玩老師啦

評圖者與同學之間像是兩位樂團手互尬樂器，雙方都要跟上對方的key。

先設想一下評圖情境，評圖前老師先拿到同學作品的題目摘要，大概只看懂個三成，畢竟沒有看到圖與模型，也沒聽到簡報，只有一個初步的概念。到了評圖場，同學把作品都擺出來，簡報個十分鐘，然後老師就要問「有智慧的問題」。

當同學簡報完，現場陷入沉默時，我最怕聽到：「鄭老師，您要不要先給點意見？」（啊！）沒關係，讓其他老師先！（趕快站起來，假裝認真看模型）

面對不算千奇，也百怪的當下時代的題目，簡直是對老師的考試。怎麼辦，要說點話呀！要是問太低層次的問題，同學會覺得老師剛剛沒在聽。（簡報不是都有說了？）問太高空的問題，同學的眼神出現空洞感，陷入另一個冷場。

如果先用一個公式來看待同學的題目，再從這個框架找到他的弱點，最好是很明顯、該做而沒做的。這算是最簡單的「除錯題」，只要能夠把錯誤指出來，就會像推拿師傅按到身體的痠痛點一樣，沒有哀嚎也有痛苦的呻吟？

遇到高人老手，的確難過關。

不過，在解構的年代，傳統的世界中根據中心性與固定型態建立起來的基模，早已褪色模糊。當下世代的論述，像很多隻變形蟲組合起來的有機生物。縱使其中有幾隻被逮到（被指出錯誤或是無效的辯證），這隻生物的其他部分仍然活著，難死（Die Hard）。

如果沒有除錯題，那麼，（老師心想）「發表一下我對題目的看法，好歹老師也看過不少作品，總不會輸給這些小娃？」這個，就像在海邊戲水，看似小浪，突然被淋了一身濕一樣。老師問了一個問題，卻被更多聽不懂的論述洗禮，於是默默坐下，心中想：「這娃，有出息。」

評圖，像是同學在馴獸。擺好凳子，放獅子進場，觀衆屏息。作品是食物，簡報與說明是鞭子。每場評圖馴獸師都是性命相搏，只要心生膽怯，獅子嗅出空氣中的恐懼，下一秒就是群起撲前，把人撕裂（玻璃掉滿地）。

然而，同學準備了好幾個月，老師被計畫性地餵食十分鐘的資訊。不論心理狀態或是知識的準備，同學都有主場優勢。只是因爲文化中關於禮貌的因素，同學的氣勢總是上場先輸一半。常常陷入猜答案的困境，當老師問：「你的論述是比較哲學，還是要科學性的看待？」有人就會陷入天人交戰，這時可以用心理學分析，如果提問者心中想的答案是第一個選項，他就不會提供第二個選項。例如回家看媽媽，她說：「中午想要吃麵還是吃炒飯？」通常是要選炒飯。除非第一個選項的資訊加了細節，如果她說：「我們來煮市場買的手工麵還是吃炒飯？」要如何看到媽媽笑容綻開？

馴獸場、刀劍、心理學，評圖就不能是一個開心的學習氣氛嗎？評圖者可試著跟同學同軌，用他的邏輯來思考。但這並不是說要像說書人一樣，把同學做的東西再說一遍，好像說很多，其實沒說什麼；有的老師很喜歡某個題目的時候，會開心地說很多，充滿愛與回憶；另一個極端就是老師開始做起「評圖場的設計師」，幫同學解題。以上這些情況對於同學的幫助很有限，只會得到「禮貌的點頭」。

用問題的類型來看，可以問設計的目的（why），流程與方法（how），產出的結果（what）。如果要使用二、三段提問法（連續追問），大概可分成幾個步驟，先是確認資訊，把要問的問題先定位定點，讓同學回答時不能閃避或逃脫。其次，是確認同學的論述是否有矛盾的地方，這兩項問完，其實評圖對話就差不多完成了。最後，才是說出自己的觀點，可以回饋、可以舉例，也可以評價等等。

一場好的評圖，雖然刀光劍影，但是會產生新的知識，最後雙方都服氣。

第十一章

成績——在當與不當之間

這個當，不是「當人」的意思，而是老師打的成績是否「適當」。

上個世紀的建築人養成環境、老師與同學的關係，已經跟當下的時代很不同。評圖時候的言語與行爲的霸氣（例如撕圖踹模），早已不是美談，放在現代來看只是令人驚嚇的霸行。用抓鬼式的當人來作爲教學策略，也許只是教學者的卸責。

老師如果帶著權威與偏見走進設計教室，他就會帶著挫敗感離開。傳統觀點下的設計教育，發現全班表現不佳的時候，施以更嚴格的壓力，把最落後的同學當掉，期待全班的表現會更好？並不會。從眞實案例來看，從大一到開始就經歷嚴格淘汰的班級，僅存到畢業班的同學並沒有變成人中之龍，有一部分的人只是「躲颱風」的身段更熟練了。

START
NOW

成績，會影響師生間的信任關係，也會影響同學對自己作品的看法。外界看畢業設計的焦點通常會聚集在少數表現良好的作品，學校則比較重視大學的教育目標。建築專業的「比圖」只有一個是第一名，教育則是每個人都要勝出，沒有人可以失敗。

當代設計課的師生關係，老師比較像朋友。同學來學習就是要學成畢業，只是每個人需要花的時間不一樣。需要把每一位同學當作個案來塑造，引導每一位同學發展成他適合的樣子，並非只有一套標準。

爲了讓作品的評量機制對於教育目標有比較健康的影響，成績當作教學群對於同學作品創新與努力程度的「相對性意見」，需要避免老師對於特定類型、風格的偏好。如果作品的多樣性成爲常態，就沒有主流與例外之別，每一件都獨特。

設計的評量有主觀的因素在內，加上每件作品的獨特性，有所謂客觀的成績嗎？透過指導老師間的交互評量反而可以取得平衡，這樣做的目的不在於追求公平性，而是透過這個機制，讓同學可以了解自己與其他同學的作品，受到老師們肯定程度的相對關係。同學只要發揮自己知識與能力的強項，將作品做到一定的水準，就會得到應有的評價。當參與評量的老師觀點很不同的時候，這個多元的價值就會被看到。

評量的時候有幾件重要的事情，一是要避免老師產生先入爲主的觀念，如果出現標籤效應，對作品與人產生刻板印象與成見，往往是同學表現走下坡的落井石，莫非定律也會伴隨著出現。其次，老師心中的量尺，其實是會變動的，就像眼睛看色票一樣，對比與彩度的感覺會自動調整。

適度地鼓勵成績「相對領先」的同學，有激勵的作用。但並不是要做全班成績大排名，當名次成爲追求的目標，贏的策略就容易造成思維偏差；一種

「射手越想射中越射不中的焦慮，爲了中靶姿勢都歪掉了」的概念。

對於低學習成就的同學要如何處理？公開全班成績或是責備，用壓力促使同學努力？這個時候，一直用老師的權威逼他是沒有用的。用文雅一點的話呢？例如對男同學說：「你要不要先去當兵？」這些都像大人催促小小孩吃飯飯，只會讓自己生氣，最後小孩不吃，大人把塑膠碗端起來用小湯匙自己怒吃。

最常見的是同學設計做到一半時突然停機，急轉直下：就是那種明明應該要做設計了，但是不想做，出現「逃避作業之做家事症候群」（洗衣服、拖地、整理抽屜、倒垃圾等等），把家裡所有該做的都做了，就是不想做設計。究其當機原因，家庭、感情、個人情緒因素都有，有些人是陷入選擇困難的自我懷疑。情況較嚴重的時候需要尋求專業的輔導。

一般的情況，不用說太多，陪他走一段就好。

第十二章

最終——老師，不要唸了

這個唸，不是「唸書」，而是「唸人」

畢業設計的開始，是在大一的第一天；終點，卻不是結束在評圖。畢業班這一年做設計除了上課與評圖，還有很多事情要做。要辦作品發表、要辦展覽、要編輯作品集，幕後的準備工作也很繁重，募款、公關、行銷，要控制好財務。這些事情，老師管越少越好。（這麼好？老師都不用管喔？）

我還在當學生的時候，建築系有五位專任老師，等我當老師的時候，專任老師一度高達二十位。當一個系有很多（心態）年輕的老師，大家充滿活力與想法，可以帶著同學一起衝，各方面都可以有優異的表現，一起登上巨浪的高峰。

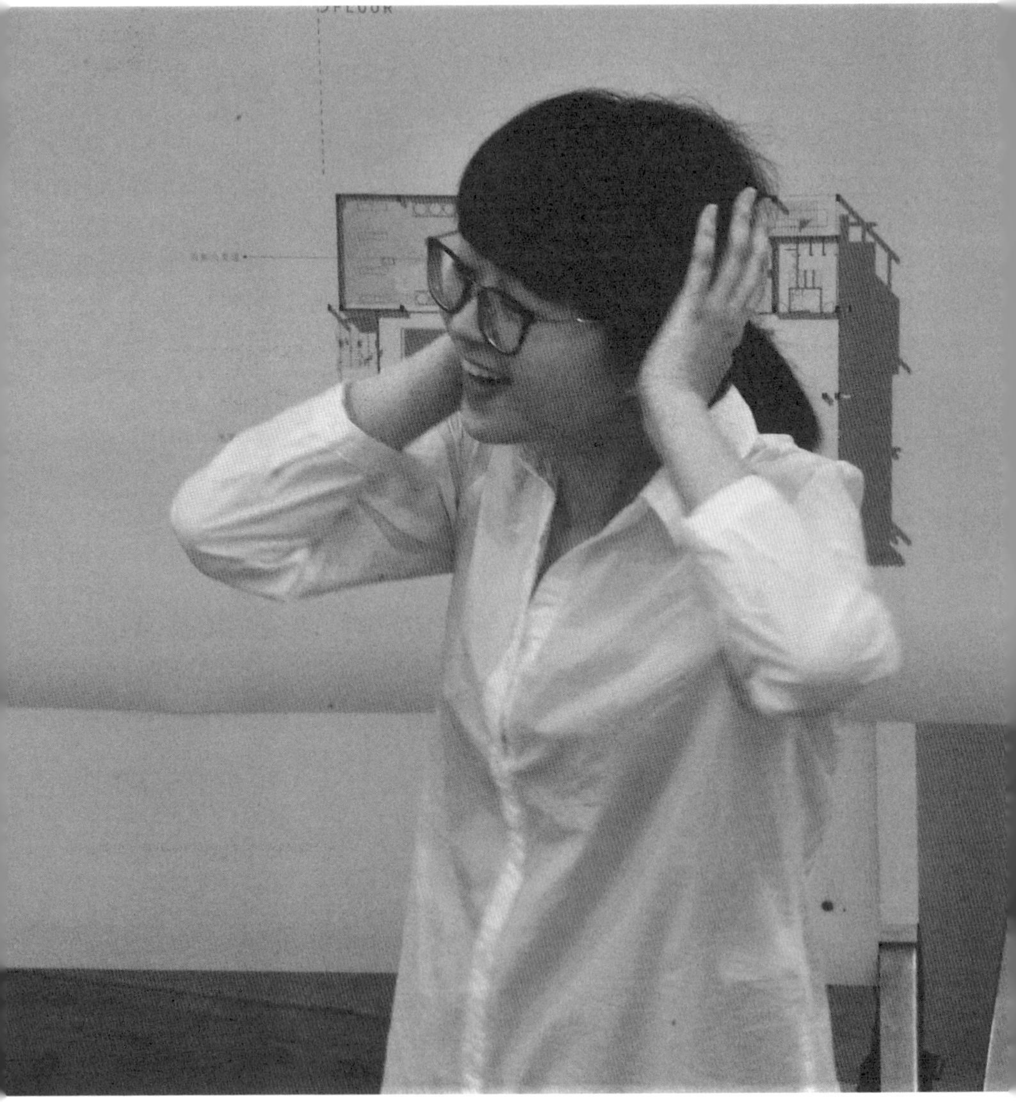

這樣很好。但是，如果沒有這些老師帶著，有些事情讓同學自己想自己衝，不是更好？如果我們把同學當小孩一樣照顧，他就會產生像小孩一樣的依賴心。如果我們把他當大人，他就要自己做決定，面對事情的成就與挫折。這也是他作爲大學生的權利，這種樂趣常常被過度憂心的老師給剝奪了。

老師在擔心什麼？同學做不好，老師或學校會丟臉？這種心理因素也是存在的。有的老師會積極地介入，指導學生規劃展場、編輯刊物，實在看不下去了，還會自己動手。這都好，同學也可以學習。但是，同學看著大師做，跟自己動手做，過程與結果都是不一樣的。

管理學的經典提醒：別把猴子揹在背上（註十六）。老師過於強勢，同學就沒有成長的空間。像是大人帶小孩到體驗館，結果都是自己在玩（來來，爸爸做給你看），小孩只能在一旁嘟著嘴。

這樣說，不是要給老師卸責或逃避責任的台階，也不是說老師只要當個貧嘴的美食家。同學邊做，老師還是會適時地給一些意見（碎唸）。只是要小心這些意見，會對同學的決策造成一定程度的影響。

用個比喻來說，草原上的羚羊開始奔跑的時候，獅子就會啓動獵殺的本能。

老師講話會有一種「老師氣」，這是無法隱藏的。那麼，不要毒舌好了，老師像是充滿愛心的父母，除了讚美還是讚美，這樣好嗎？這也不成。這樣對於學習的幫助有限。有的時候，老師要像個朋友一樣，沒有權力高度地聊聊自己的看法。人們常說同學到學校要學習當「好學生」，其實老師也在學習當個「好老師」。

好了，這些事情都做完之後呢？有計畫的同學，中年級就開始規劃畢業以後的人生，做畢業專題設計這一年是建築系學生身分的結束，也是社會建築人生的開始。如果到這個時間點才要開始來想，表示他需要更多的時間尋找，才能填滿下一張人生的空白計畫書。

建築人不必成爲別人期待他的樣子，他會找到自己的路，勝負還未定。

下篇

建築系在學什麼？

第一章

理論與歷史

建築理論

理論是用來認識建築、評論、生產知識的觀點；理論有的是來自經驗的整理，有的是純理性思維的推理結果。理論與強調應用的方法論在本質不大一樣，如果用光譜的兩端來比喻，光譜的一端是A，來自思考與論證、哲學性高的理論；與另一端B，強調實證、應用性高的方法論。介於這兩端之間，則有許多哲學性與應用性各占一部分的諸多論述與方法。

建築理論所涵蓋的知識範疇很廣，建築可作爲乘載人類文明的環境，但是建築不等於建築物，這個文明環境所需要的知識很廣，不只是把建築物蓋起來的相關技術。建築的知識是因應特定目的，將諸多知識加以整合的體系，這也是建築理論的特性。

基於這樣的特性，建築理論大量運用許多領域的理論，例如政治經濟學、社會科學、認知心理學、管理學、人文地理學、美學與其他藝術等等。

當代社會的價值觀多元，自從上個世紀經歷兩次大戰以來，發展出來的諸多傳統建築論述，早已不足以對應變動中的時代。能源危機、溫室效應、流行病等全球性的問題，人們對於批判的地域主義、抵抗式建築、社區營造、權力空間、耗能建築的反思、以及從邊緣觀點出發的建築論述等等。

至於這些理論對社會的影響面，用後設的觀點來看，也許有對與錯的爭辯，但比較多的辯證是關於理論的優劣，以及其影響程度的差別。在歷史的洪流中，有些理論被淹沒了，有些則被越推越高。用個比喻來說，就像小孩子吹出的泡泡，有的瞬間破滅，有的越飛越高。

理論代表人們對建築的觀點以及實踐建築的原則，隨著台灣民主化與多元社會的趨勢，建築論述不再是社會發展的落後指標，而是為進步的指標。

▲ 參與式設計工作坊

建築計畫

蓋房子需要耗費大量資源，需要正確地分析、擬定適合的計畫，並且按照計畫行動，透過這個邏輯化的過程，才有機會達成預期的目標。

建築不只是解決問題，也在創造新的價值。不過，當建築出錯了的時候，不但沒有解決問題，反而帶來更多問題。許多偉大的建築，突破當時的技術創造出令人讚嘆的成果，除了勇敢的做夢與創意，也需要審愼仔細的計畫來完成。

制定計畫並且按計畫行動是人類理性思維的本質，也是生存的本能。想像在沒有現代科技的年代，當寒冬將要來臨之前，村子的族長需要統計要一起過冬的人口、取暖的炭火以及食物的數量。一旦出了錯，糧食與能源提早用完，冰雪卻還沒有解凍，就要付出族人的生命作爲代價。

計畫以外的神來一筆、突發奇想，可能帶來驚喜，通常是帶來災難。舉例來說，埃及的金字塔需耗費大量人力物資，如果蓋到一半的時候，法老王說：「嗯，我改變主意了，再往東邊移動一些些……」那就悲劇了！

建築計畫的內容包含問題分析、確認使用需求、掌握解決問題的限制條件與可用的資源等；如此才能深入研究，並且擬定出有效的策略。核心是方法論的知識，例如規劃、策略管理、設計方法，都是相關如何把想法付諸實踐的知識。這些方法論試圖把思考的流程透明化，讓原本只有少數人可以掌握的隱性知識，不要放在個人的黑箱、大師的腦袋裡，而是放在眾人都可以看到的玻璃箱，可以分享、學習、討論與檢視。

1970年代興起的參與式規劃與參與式設計，對於建築計畫的建構過程提出了革命性的擾動，市民以及使用者不再是被動地接受公共設施，而是從預算到工程施做的過程，都扮演一定影響力的角色。

▲ 伊豆村民討論社區防災計畫

在面對複雜的建築問題，建築設計是一群人共同進行的社會活動。參與式規劃在這個活動的人除了設計團隊還有業主、使用者、審查委員，各種領域專家，需要團體協力的作業，就需要有效的方法以及仔細的計畫。

隨著建築設計的流程，計畫書概分爲以下三類，先建築計畫書，再有設計說明書，然後是營建計畫書。建築師根據建築計畫書做出設計說明書，這兩者加在一起構成服務建議書。

建築史

歷史是關於過去的故事，也是人們當下對於自己的看法。建築史一方面是像考古學一樣建立對於過去人類文明的印記，另一方面則是透過對於過去的詮釋發展出當代的觀點。

先說一下人類的故事，人類因爲逃避惡劣環境而創造出文明（註十七），史前人類作爲地球生物食物鏈的一環，狩獵與游牧爲生的人類需要尋找安全的居所，跟其他生物搶奪洞穴與樹頂棲息；隨著農耕技術的發展與人口的成長，在世界的許多角落，也出現了大型聚落的遺址。

現代智人幾十萬年來遷移到世界各個角落，早期在四大古文明所在地的尼羅河、恆河、黃河、兩河流域發展出來的建築文化。隨著氣候、政治、戰爭、經濟、社會因素，在世界各地出現不同風貌的建築，共同書寫一部世界建築史。

▲ 神將在廟埕前致敬

這些建築文化之瀰，隨著人類的遷移而交流、互相影響。若從每個地點爲中心來看待建築的歷史，世界文明是交互影響，雖然有先後的關係，並沒有所謂的中心性或是一脈相傳，傳統的「西洋建築史」，從兩河、埃及、希臘、羅馬、哥德、文藝復興……或是「華夏建築史」，從堯、舜、禹、湯、文武、秦、漢……這一類的史觀已經被更多元的觀點所取代了。

從建築史可以看出文明的足跡，舉例來說，西元十一世紀到十三世紀之間，因爲宗教與經濟的因素，西歐的城主抵押財產、購買兵糧遠赴中東參加戰爭，這兩百年間的戰爭造成歐洲經濟、人口、文化的流動。義大利港口因爲運兵與貿易的地方商會，從東方帶回來的建築知識與財富，當時的商會以及歐洲各地跟國王政權密切合作的教會，創造出全新的建築型態（註十八）。

台灣建築史，要從五萬年前的台東長濱文化說起；大約八千年前島上出現移居而來的民族，落腳台灣之後發展成爲南島語族（註十九）的起點，當代稱爲台灣原住民族，是台灣原生文化的重要脈絡。

▲ 鹿港街頭不同時期的老屋

位於太平洋西岸的重要地理位置，台灣進入國際航海地圖之後，成為區域軍事強權覬覦的重要港口，也因此得以留下每個時期優勢文明的印記。過去幾個世紀以來，來自世界各地的移民踏遍全島，近年來隨著世界扁平化發展，台灣也成為國際各種建築風格展現的舞台。

建築史是關於當代，現在的古蹟與歷史保存運動，建立在歷史的基礎，但是目的不在於緬懷過去，而是要認識自己與面對未來。

▲ 馬來西亞清真寺

第二章

環境與都市

環境設計

環境設計是從比較大的觀點來看待開發行爲可能的衝擊，並且找到友善的方式與環境中的其他人以及物種共處。

人類在演化的過程取得優勢，成爲當下時空最具控制力的強勢物種，人類的數量以及爲了滿足生存需求的開發，足以對環境造成不可逆的負面衝擊。然而，地球不是爲了人類而存在，人類的足跡已經造成許多物種的滅絕，水庫、礦產、林業、農業、交通、建築等對於土地超限使用，以及對於各種生物棲息生長環境的衝擊。

爲了滿足居住與活動需求，而要改變環境時，要考慮對各種資源的永續使用，減少碳足跡，尊重建築環境中各物種生存的空間。建立環境永續發展的觀點，以及因爲開發行爲，審慎使用各種物料能源，以免耗盡地球資源。人類沒有第二個地球可以去了。

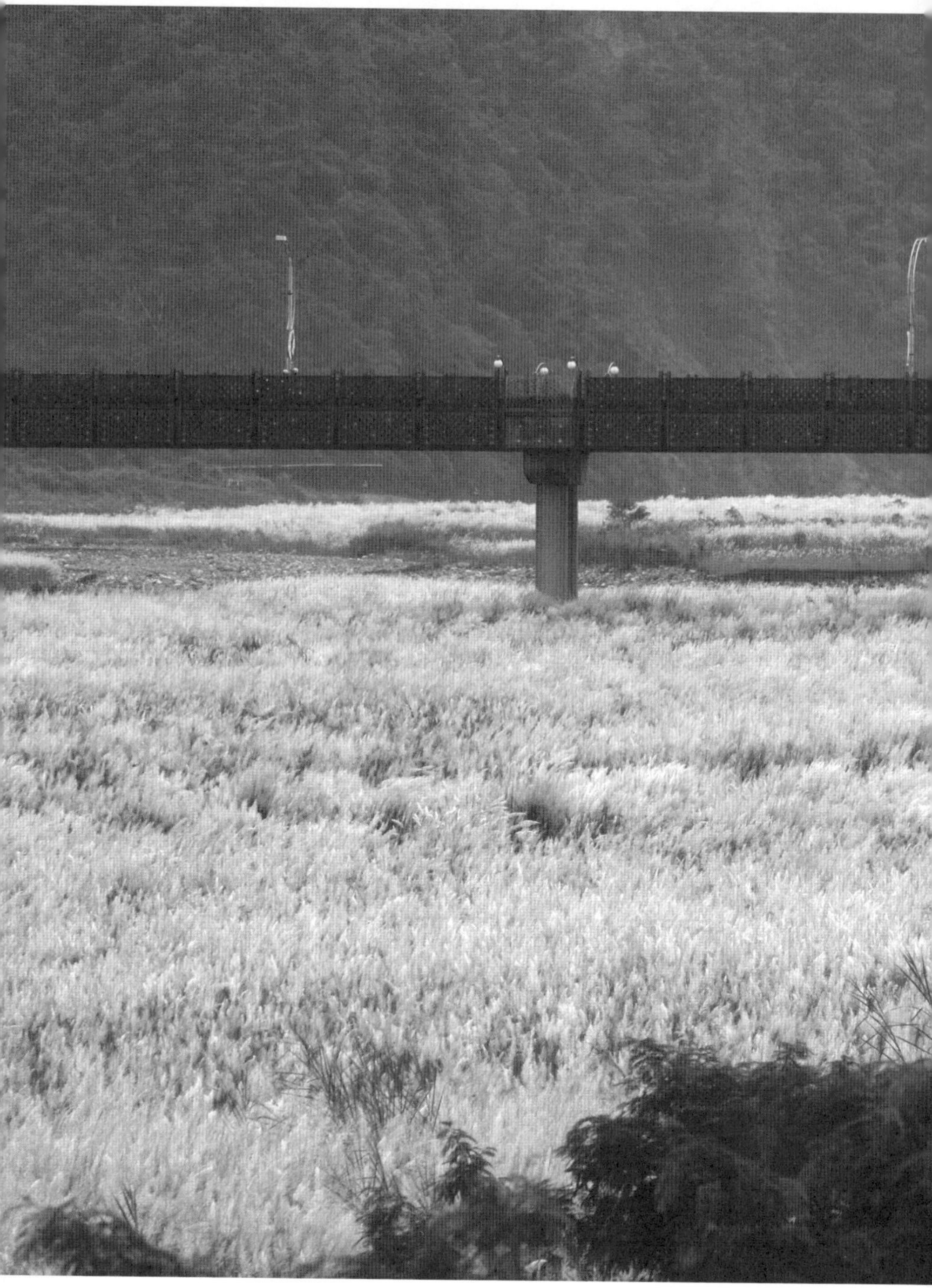

▲ 宜蘭冬山河床上的鐵道

除了自然環境，還有社會與人文的因素要納入考慮。每個開發都對「原住戶」造成影響。舉幾個例子，為了讓建築內部採光良好而採用大面積的玻璃，但是白天的陽光反射卻造成附近鄰居的光害。把基地的大樹保留，卻把地表大量覆蓋了水泥與柏油，夏天來臨的時候，樹下的蟬寶寶無法爬上樹振翅鳴叫。

因應極端氣候，瞬間暴雨、地震、複合型災害等，對於外部環境因素的掌握更加重要，這是環境規劃需要優先考慮的地方。地質條件、基地排水與保水、都市熱島效應、日照權、光害、風環境等等，從一大片土地的開發，到一小塊建地，每個工程都要對它所在的環境負起責任。

當代對於環境的觀點，已從被動的回應問題，減少開發行為對環境的影響，轉向為積極的創造對生態與環境有利的條件。舉例來說，「基地排水」轉變成「基地保水」，防災工程從「剛性」的圍堵改為「韌性」的防治。

▲ 桃園頭寮大池中的土地公廟

都市

都市起源於溪邊交易為主的市集，在那裡牲畜有水喝，商隊有食物與物資的補給，可以交易，可以休息。

約一萬年前，人類社會首度出現了城市的概念。因為農耕與灌溉養活了大量的人口，人類從原本游牧狩獵型態的移居，發展成靠近溪流、水道邊的大型聚落。再因為商隊貨物牲口交易的需求，從荒地中綠洲規模的小市集，逐漸發展成貿易小城。

然而，藏有貨物與財富的小城，是交易商隊匯集的重鎮，也容易成為搶匪覬覦的焦點，人民需要築城牆自保。城裡的財主商會不是自聘壯丁鄉勇，就是要跟地方的武力集團合作，形成供養與保護的互助與依賴關係。

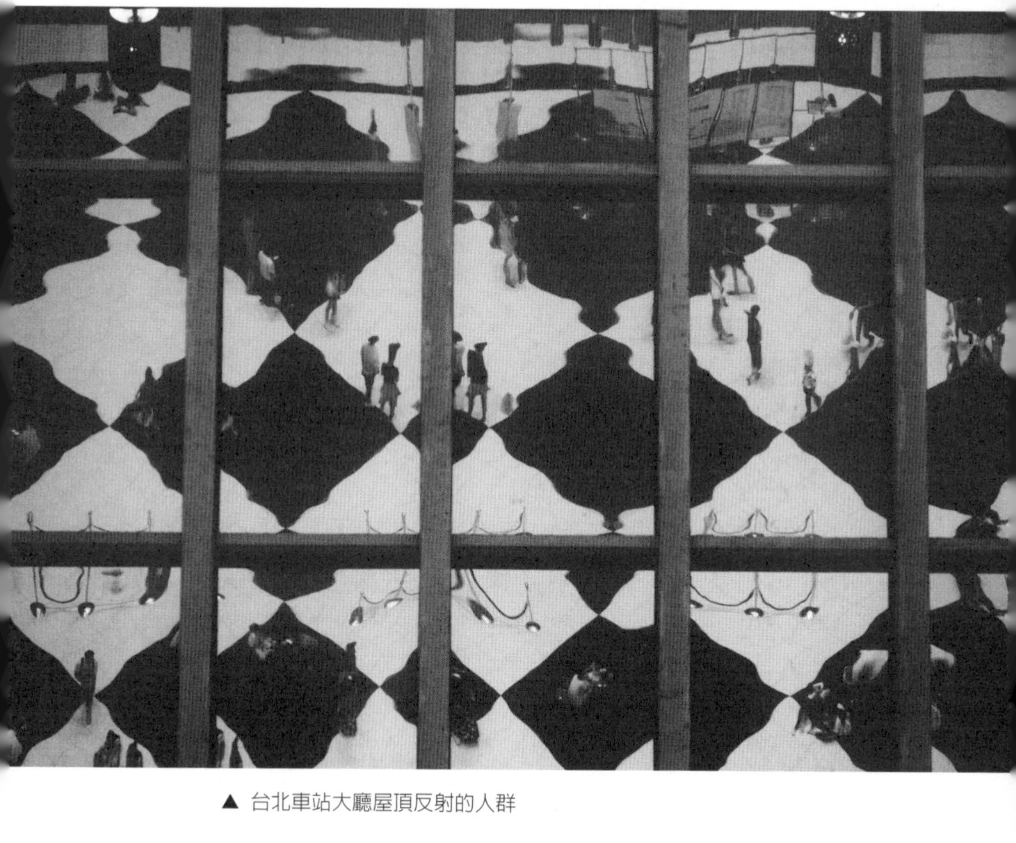

▲ 台北車站大廳屋頂反射的人群

武力集團作爲城市的統治階級，需要從商會財主那邊去得到財富，如此才得以維持人力與裝備，而他們的住所也會有相對豪華的建築與空間，成爲權力與地位的象徵。

人類定居的城市要面對的危害除了搶匪，還有天災、蟲害、傳染病等。這些災害在缺乏科學知識與技術的年代，宗教信仰成爲重要的寄託，祭祀神明的殿堂、神明代言人的居所等建築，往往成爲聚落的中心，在城市空間扮演重要的角色。教堂、清眞寺、廟宇入口前面都會有相對應規模的廣場、廟埕等，除了祭祀活動以外，也是重要的市民活動場所。

貿易致富的財團、精神寄託的宗教、維持秩序的武力，這三者成爲城市發展的有力推手。這三者在現代的城市，就是「經濟」、「信仰」、「政府」的概念。如今對於城市空間的控制，不只是政治、經濟與宗教，還受到更多因素的影響，例如公共衛生、生態環境、文化資產等等。

近代的都市成長，因應人口規模，以及複雜的都市機能，需要更有計畫地規範每一塊土地的使用性質與使用強度。台灣許多城市面對都市更新的議題，需要找到有效的方法，防災減災的同時創造舊市區的經濟活力。

▲ 東京街頭的上班族

第三章

營建與技術

建築結構

結構是地表上的建築物共同的挑戰，需要克服可見的風雨、敵人，以及不可見的地心引力。

大約在一萬年前農耕時代來臨，各地人類的足跡也出現了定居的聚落。隨著聚落的規模拓展，因爲宗教、政治的文明而出現更大規模的建築，人類對建築的需求，已不是使用樹幹簡易搭建就可以滿足的。

還記得兒童建築啓蒙的童話故事，三隻小豬用不同的方式蓋房子？故事裡的大野狼代表惡劣的外在環境，現代新版的三隻小豬，大野狼應該更厲害了，需要高強度的抗震結構才能保護躲在裡面的小豬。

每個地區的地理條件、植物、氣候各有差異，透過方便取得的材料，以及社會的型態，發展出最經濟、最合理的作法。例如：冰天雪地為了保暖，就地取材挖冰塊蓋成圓拱結構的冰屋；黃土高原挖洞用木板撐屋頂的窯洞；水邊濕地用石墩與木頭架起來的高腳屋等等。

▲ 檳城海邊高腳屋

舉例來說，在黃河流域以及東北亞，因爲沒有出現大規模蓄奴的國家與社會制度，無法動用大量勞力來興建石材的建築，大型建築的建造方式是以質料較輕的樹木爲主，取材與搬運相對的方便。就算是徵用民伕戰犯興建的萬里長城，在一些地段並沒有使用石頭來砌城牆，而是就地取材。

傳統常用的竹子、木頭、石材、泥土，磚等材料的結構各有不同，近代的科技出現了鋼筋混凝土、鋼結構、帷幕牆等由新科技支撐的新的材料與工法，建築結構的技術也與日俱進。

▲ 雪梨歌劇院

建築結構學是結構學的一部分，相較於需要乘載汽車、火車在上面通行的道路橋梁，建築結構要對抗的事情比較少一些，學習的重點是了解「建築如何站起來」，以及「建築爲何倒下來」兩個問題。颱風、地震，以及人類永不停止的對於建築物高度的渴望，讓建築科技與結構方式不斷地求新求變。這也是爲什麼「世界第一高」的建築俱樂部，總是成爲地表上的人們挑戰的目標。

當代的能源與生態議題，讓高度作爲文化與科技優勢的象徵價值已開始轉變，當代結構的挑戰不是關於更高，而是更好、更有效率。

▲ 夜間的台北 101

構造與實務

構造是關於建築材料、搭建的技術，以及這兩者所形成的美學。

用一個例子來說明構造與結構的不同，先用板為例子來說明結構；一張板凳需要符合基本的力學原理，板凳的組合很簡單，就是四根柱子支撐著一個板子，柱子的材料要堅硬，柱子跟板子的銜接處也要牢靠，不能因為人坐上去就歪斜而鬆脫。

至於這張板凳使用的材料、柱子跟板子之間搭接的方式，以及因為使用這些材料與搭接方式產生的造型，就是關於構造。構造也會因為這張椅子各部位的材料的不同而產生不同的搭接方式，例如：木頭、鐵件、壓克力、玻璃、布料等等。因為這些材料的特性的不同，所導致接合或加工方式也會不一樣。建築的構造，比椅子更複雜，也更豐富。

▲ 花蓮石材廠的工人

構造可以說是始於內部的結構力學，終於外部的空間型態，構造注重的是建築各部位的構成元素、材料，以及彼此間的組構關係，以及他們所創造出來的行爲與感知。

除了同一種材料之間的組構方式，例如木頭與木頭之間；不同材料之間用什麼方式來銜接？例如：金屬與水泥、木頭與鐵件、玻璃與磚，這些看似衝突的材料的組合，可以構成新的美學與感受。

這種美是忠於材料與構造本身，沒有太多的修飾以及塗抹，現代用語是「素顏」的概念。比如說保留磚牆、水泥牆的材料表面完工時的眞實樣貌，只做必要的處理。同時，避免加入材料與構造需求以外的多餘造型，貼皮、用其他材料覆蓋等。

構造的學習有創造與實踐兩個面向，必須要理解材料特性，也要開發潛力，建立在實務的基礎進行創新。當代的材料科技，對於傳統的材料進行很多實驗，竹子、木材、水泥、複合材料都有突破，新的建築形式也因應而生。

為了讓構造的學習更有效，學習的過程除了書本的知識以外，使用可掌握的材料將想法實際地建造出來，讓設計圖可以製造，製造完成的成品可以體驗，置入場域、使用者行為的觀察、光線、溫度等等各種感官經驗的回饋，都可以再次強化對於構築的理解與掌握。

▲ 雲林高鐵站

物理環境與設備

物理環境是指自然環境對於人影響較大的因素，設備則是用來維持這些因素的舒適度。

人類的演化因爲走的是普遍化而不是特殊化，不像北極熊有白色吸熱與保暖的皮毛，也沒有沙漠中的爬蟲腳底可以防止高溫燙傷。但是因爲善於使用萬物來創造可居住的環境，從濕熱的雨林到寒冷的極地，都可以找到人類居住的史前遺跡。

在人口稀少的農村，人們在樹下搭建的棚子，有遮陰不悶熱，通風採光都不是大問題。當人類的居住環境密度越高，建築技術越複雜，自然環境的考驗就越複雜，需要使用更有效的設備來因應這些造成人們不舒服的因素。

溫度、空氣、光線、聲音、水等是與人類處在居室內的身體感受有關的物理現象，爲了使這個身體感受的環境維持健康、安全、舒適的條件爲目的的作爲，就要「控制」這些物理環境。

這些基於營建特性與氣候條件所發展出來的規則，在早期民居以及廟宇都可以看到，例如澎湖低矮只開小窗的咾咕石屋，蘭嶼面海的長屋簷的穴屋，都跟防颱風有關；合院以及廟宇等建築則運用更細緻的規則，稱爲陽宅（風水）。當代物理環境需要從理論研究以及設備的應用層面來討論，一方面是應具備解析音、光、熱、氣、水等物理現象的純「物理學」之理論部分。另一方面是包括隔熱、通風、採光、隔音等「建築計畫」之應用部分，是以定量且科學的方法來解析居住環境物理現象，以提供良好的設計及施工之依據。

「建築物理環境」是以建築計畫的方法利用自然物理力量來改善居住環境，「建築設備」則是導入機械力，來輔助物理環境設計所不能完全達到的條件，以維持理想之環境。比如說，爲了讓室內的熱空氣往上漂浮，廠房蓋成挑高的斜屋頂，這是「設計」；在支撐屋頂的三角形牆面加裝了排風扇，就是「設備」。

然而，只強調對於環境的控制以創造舒適的居室，也會陷入惡性循環的不歸路。舉例來說，蓋更高、更密集的大樓，產生更悶熱的環境，只好用更多的電力空調，製造更高熱的外部環境，以及郊區造電所產生的空氣汙染。於是形成門窗關得更緊，空調用得更多的惡性循環。

當代對於生態與綠建築議題的要求，反思越多的機械設備，其實也造成更多的環境負擔，應該要思考環境友善的建築行爲，而不是花更多的資源去控制環境。

▲ 台南孔廟

第四章

設計輔助

圖釋溝通

想像一下，幾千年前第一座金字塔出現之前，大祭司用什麼樣的東西跟法老王說明？也許是用一塊石頭磨成一個小金字塔的樣子？或者要禁衛軍開路駕馬車，到尼羅河上游，遙指著某一個小尖山？要如何說明一個不存在的建築與無法體驗的空間？

建築師做的設計原本是存在很個人、主觀的內心世界，透過圖與模型用一種可以分享、客觀的表達方式，用來詮釋、溝通、討論這個等待實現的空間。建築師需要使用圖、模型，影片等媒材來溝通，讓業主（委託人）與使用者可以了解將來會得到的建築的樣貌，這份圖也需要提供給營建過程需要參與的各種專業，例如土木、結構、景觀、機電技師等。

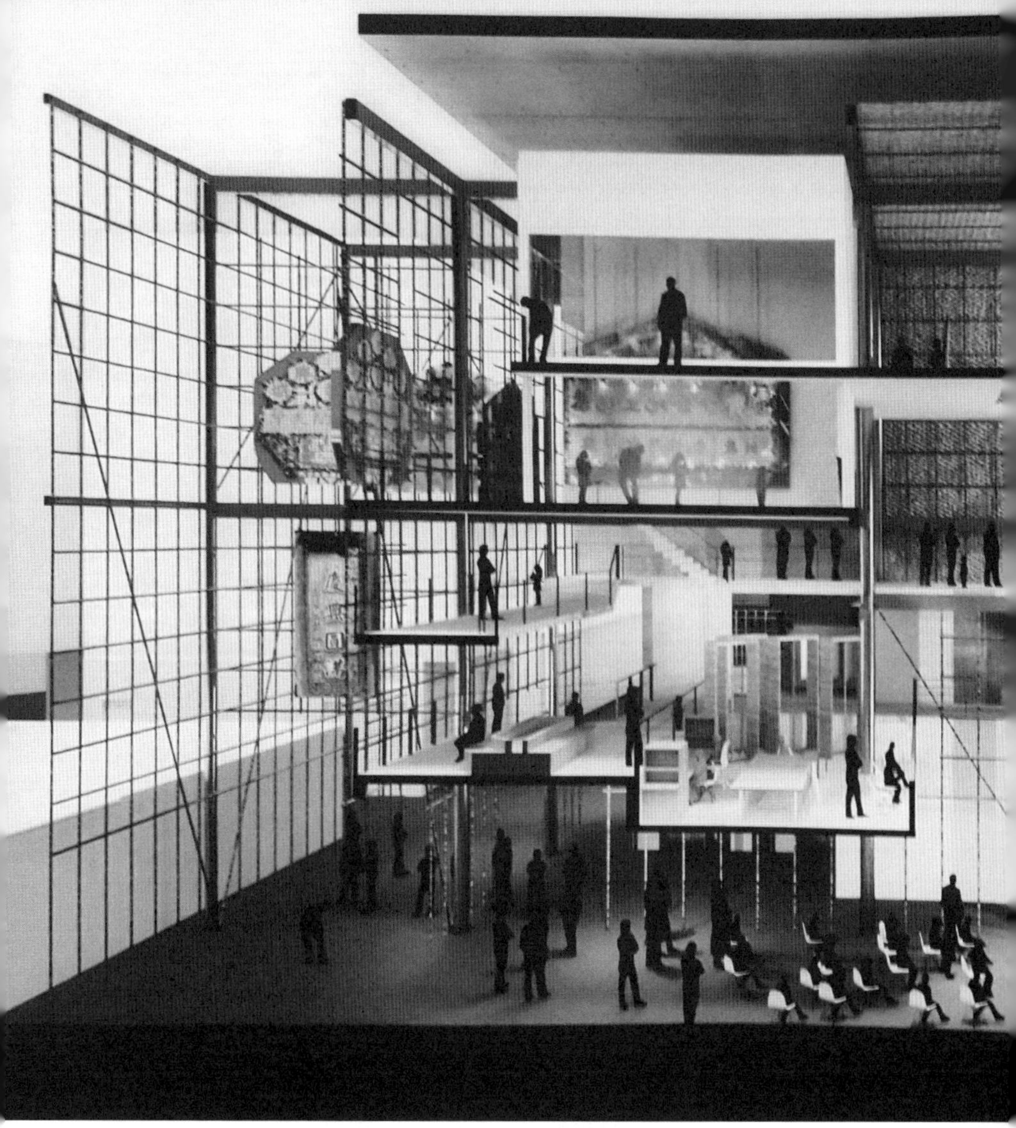

▲ 用剖面與透視圖來理解空間——黎詠琳製

再大的建築或是都市，也能夠縮小到一張桌子大的模型，一個螢幕大的畫面，重點就是使用「比例尺」把物品等比例地放大或縮小。做個小模型比較容易理解，因爲是實體建築的縮小版。使用圖面還是比較有效率，對於要按圖施工的工程團隊來說，需可以再細緻化發展爲施工圖，用來計算結構、材料，或是到工地現場放樣。

圖面是比較有效的資訊，「平面圖」可以看到房子的空間；「立面圖」可以看到房子的外貌；「剖面圖」，好像是用刀子把水果「剖」開一樣的樣貌，可以看出空間的立體關係，例如用來說明「在二樓走道就可以從挑高的大廳看到樓下的空間」的效果；比較整體性的「等角透視圖」或是「消點透視圖」則更像是把設計者心中的影像透過預言般的「魔法」，把未來世界的樣貌勾勒出來。雖然當代的電腦科技可以用合成技術，擬眞地表現，但是透視圖的本質是設計者主觀的創作，具有個人風格以及文化特性。

最後說一下工具，詮釋思考最重要的工具是雙手。手不只像印表機一樣，只負責把大腦的想法印出來。在動手畫的過程，可以探究各種可能性即時回饋給大腦，提供持續創造與修正的資訊。透過手繪的動作，還可以建立身體記憶。

手可以隨身攜帶，筆是個隨手可得的用具，許多重要的建築物的構想，都是從筆記本的徒手勾勒開始，也有將靈感畫在餐廳的餐巾紙的經典。透過手來畫圖的身體動作，是記憶的儲存與釋放的過程。想像一下，建築師一邊聽業主談他的夢想，一邊用一張紙畫出這個願景，多少人會流下感動的眼淚？

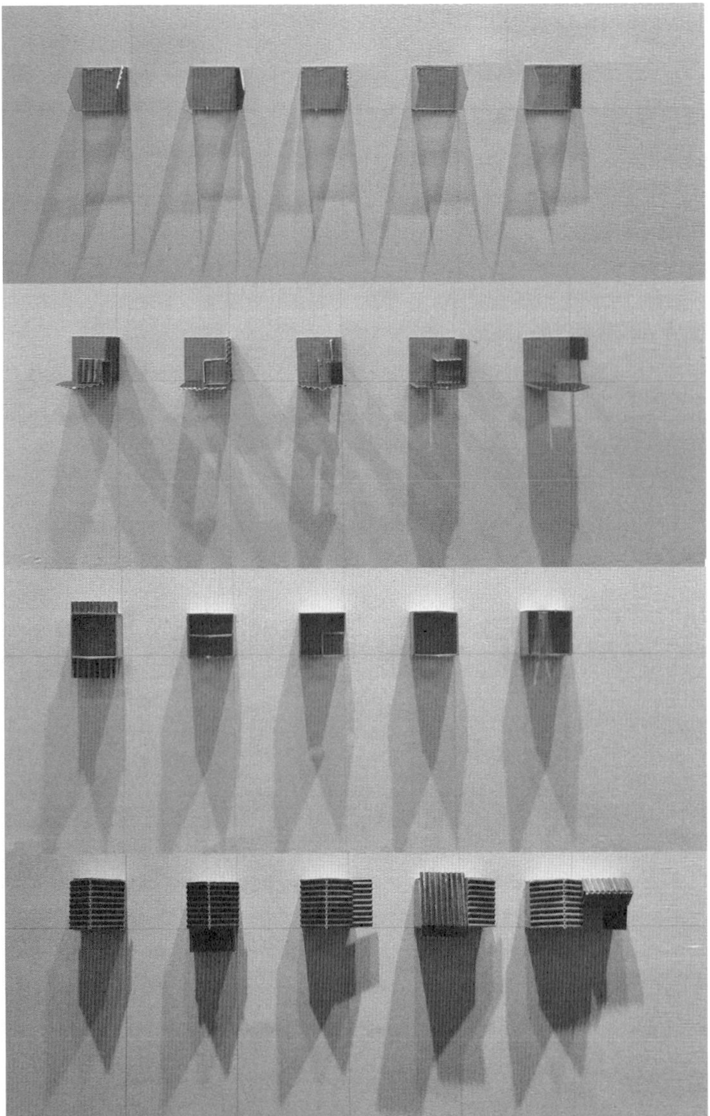

▲ 部落家屋的分析——黃海柔製

建築資訊系統

近二十年來由於個人電腦的普及化，價格低廉以及操作介面友善性提高，再加上多媒體與數位設計技術的成熟，使得建築設計與創作的過程可以得到這些資訊科技的協助。建築設計過程牽涉到影像處理、電腦輔助繪圖、電腦資訊處理等事務，這些都含括在多媒體與數位的領域內。

這個領域對於設計的協力涵蓋的面向廣泛，初級是電腦輔助繪圖、數位製造，第二級是使用數位科技解決問題以及創造，第三級是透過資訊平台進行「建築資訊系統」（BIM）等，讓建築設計的過程與優質設計的生產有很大的提升，學校進行具實驗性的數位設計與製造大約發展到上述的第二級。

數位製造以建築實體成品為目的、透過參數化設計的思維加上數據化處理的特性，三維（3D）電腦模型與設計資訊立即被轉換成建築設程序所需之數據，生產出建築元件，組構成爲實體建築。

▲ 電腦演算柱式之 3D 列印——陳威廷製

數位科技可以精確地完成設計的要求，創造出傳統人工所無法完成的成果，甚至進行人工智慧的實驗，讓電腦依照建築設計的設定進行創造。這些數位設計的成果，可以透過虛擬與擴增實境（VR、AR）、機器人與無人機等先進技術建造，具備建築構築的特性，稱之爲數位構築。第三級具備將來與業界銜接的準備，由於建築界的專業分工，跨專業的團隊協力、透過數位資訊技術進行整合，因此團隊溝通能力和專業表達能力都是不可或缺的。全面的資訊整合，將以追求營建自動化以及智慧型建築爲目標。

未來建築的職業環境中，數位建築設計已如同其他行業中的電腦資訊處理，成爲建築職場上必備的專業能力。例如：數位影像處理、電腦繪圖、多媒體製作、互動介面、可動裝置、電腦程式、參數化設計、數位製造、建築資訊系統等技術。對於擅長處理建築域空間的專業者來說，在這一片「藍海」中，他們具備無可取代的數位專業基礎。

▲ 衛武營國家藝術文化中心

註解

1. 《畢業設計只要做一次》，鄭晃二著，田園城市出版社，2006。
2. 公序良俗是指當代社會上一般秩序與價值，道德或倫理觀念。（最高法院 83 年台上字第 1530 號判決參照）
3. 高牆與雞蛋的說法是村上春樹 2009 年在耶路撒冷領獎的感言，他說：「我永遠選擇站在雞蛋的那一方。」
4. 言說理論的代表人爲 John Langshaw Austin 與 John Searle。說話的過程不僅是事實與觀點的描述，就連說話的行爲本身也涵蓋在內。
5. 六頂思考帽是 Edward de Bono 開發的一種思維訓練模式，六種思維以六種顏色的帽子代替，當作小組討論互動的練習工具。
6. 這裡借用邏輯學用的命題（propositional）一詞，但是不取其定義。

7. —《參與錄》，鄭晃二著，田園城市出版社，2004。

8. —建立一個難以打破的瓶子當背景，以及放一顆鴨蛋在瓶中待鴨子孵化長大充滿瓶身的情境，再問如何不打破瓶子把鴨子救出來。自己陷入無解的僵局的意思，這是傳說的公案，出處待考。

9. —輕推理論來自 Richard H. Thaler，他舉例阿姆斯特丹機場的小便池底部做了一隻蒼蠅圖案，男性使用者會瞄準蒼蠅，可以減少清潔的麻煩。

10. —一分鐘說服術的概念引自伊藤羊一著的《極簡溝通》，平安文化出版社。沒辦法用一分鐘說清楚的事情，講再久都沒有人聽得懂。

11. —《創意黏力學》是 Chip Heath 與 Dan Heath 兩人的著作，大塊文化出版社。

12. —手之內是日語的用法，意思接近中文的手腕，台語的手路。

13. —《逃避主義》，段義孚著，立緒出版社，2014。

14. 唐，柳宗元。《梓人傳》。

15. 《語言是我們的居所》，南方朔著，大田出版社，1998。

16. 背上的猴子是 William Oncken 發展的理論，「猴子」是指「下一個動作」，意指管理者和下屬在處理問題時所持有的態度。

17. 這一個概念來自段義孚的《逃避主義》一書。

18. 當時出現的新建築結構方式與空間形式，後人稱爲哥德式建築。

19. 南島語族的分布北起台灣，南抵紐西蘭，西至馬達加斯加，東至智利復活節島。

誌謝

本書感謝以下老師與同學貢獻作品與身影：王婕安、朱凱新、何震寰、李宸安、林冰萱、林家豪、林曉儷、邱文傑、徐維志、康峰誠、郭旭原、陳思涵、陳威廷、陳瑀、曾光宗、彭宏捷、游瑛樟、葉冠甫、黃奕恩、黃奕智、黃海柔、黃紹凌、黃聲遠、楊家凱、董奕萱、廖偉立、蔡大仁、蔡佳蓉、黎詠琳、羅嘉惠。

1Y6B

建築設計這樣做

作　　者　鄭晃二
文字編輯　許馨尹
封面設計　姚孝慈
發 行 人　楊榮川
總 經 理　楊士清
總 編 輯　楊秀麗
副總編輯　張毓芬
出　　版　五南圖書出版股份有限公司
地　　址　106台北市大安區和平東路二段339號4樓
電　　話　(02)2705-5066（代表號）
傳　　真　(02)2706-6100
劃撥帳號　01068953
戶　　名　五南圖書出版股份有限公司
網　　址　http://www.wunan.com.tw/
電子郵件　wunan@wunan.com.tw
法律顧問　林勝安律師事務所　林勝安律師
出版日期　2020年10月初版一刷
定　　價　新台幣350元

國家圖書館出版品預行編目資料

建築設計這樣做 / 鄭晃二著. -- 一版. -- 臺北市 : 五南, 2020.10
面 ; 公分
ISBN 978-986-522-252-9(平裝)

1.建築 2.設計

441.3　109013362

經典永恆・名著常在

五十週年的獻禮——經典名著文庫

五南，五十年了，半個世紀，人生旅程的一大半，走過來了。
思索著，邁向百年的未來歷程，能為知識界、文化學術界作些什麼？
在速食文化的生態下，有什麼值得讓人雋永品味的？

歷代經典・當今名著，經過時間的洗禮，千錘百鍊，流傳至今，光芒耀人；
不僅使我們能領悟前人的智慧，同時也增深加廣我們思考的深度與視野。
我們決心投入巨資，有計畫的系統梳選，成立「經典名著文庫」，
希望收入古今中外思想性的、充滿睿智與獨見的經典、名著。
這是一項理想性的、永續性的巨大出版工程。
不在意讀者的眾寡，只考慮它的學術價值，力求完整展現先哲思想的軌跡；
為知識界開啟一片智慧之窗，營造一座百花綻放的世界文明公園，
任君遨遊、取菁吸蜜、嘉惠學子！